ダメ犬グー
11年+108日の物語

ごとうやすゆき

幻冬舎文庫

名前を呼ぶと、愛きょうたっぷりの顔で
犬小屋からのそのそ出てきたポピー。

うちの廊下でお産をしたユウコ、
ユウコにいつもくっついて歩いていた、その子供のユミ。

小さなネズミくらいの大きさのときから、
母がほにゅうびんでミルクをあげて育てたボクちゃん。

行方不明になってポスターを貼って探したら、
近所の家で何くわぬ顔して生活していたラムジー。

床をチャカチャカかけずりまわって、
すべって、よく食器棚にぶつかっていたチドリ。

物心ついたときから、
ぼくのまわりにはいつも犬がいました。
でも、こんなにヘンな犬も、
こんなに深く接したのも、グーがはじめて。
ある日ふと、グーの話を書きたいと思いました。

ダメ犬グー
11年+108日の物語

ここを左手の親指でうしろのページにパラパラめくってね。グーが動くよ!

大好きなグーへ。
ここにある
すべての想いをこめて。

もくじ

I グーがやってきた

うちへやってきた1匹の犬。
生後8か月。メス。色は黒。

親が〝グレイス〟って名前をつけた。
ぼくは〝グー〟って呼ぶことにした。

グーを家の中で飼いはじめた。

ぼくにだけなつかなかった。
今までいろんな犬飼ってきたけど、
こんなことはじめて。

いっしょに寝た。
こわかった。
でも、きっとグーもこわかったはず。

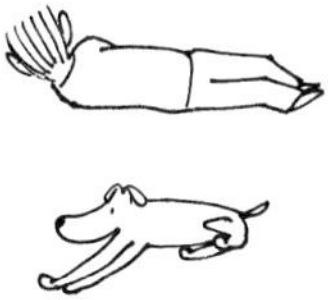

しばらくして、病院で耳としっぽ切った。
耳もしっぽも、
ダランってならないように。
切らないと不潔になって
膿《う》んでしまったりするらしい。
しっぽ、ちょっと切りすぎた……。

避妊手術した。
かわいそう、って思ったけど、
先生に子供産まないのなら
避妊しない方がかわいそうだって言われた。

［理由①］グーはわがまま。
何匹かで飼うときっといじけてしまう。
自分だけかわいがられていないとダメ。
自分の子供でもきっと関係ない。
［理由②］グーはでかい。
何匹かで飼うと家もっとせまくなる。
↓子供は作らない、という結論。

ぼくが散歩つれていくようになって、
どうにかすこしずつ、すこしずつ、
ゆっくり…… ゆっくり……
ぼくたちは**仲よく**なっていった。
最初のうちはあんなに警戒していたのに、
だんだん気を許してくれるようになっていくのが
うれしかった。

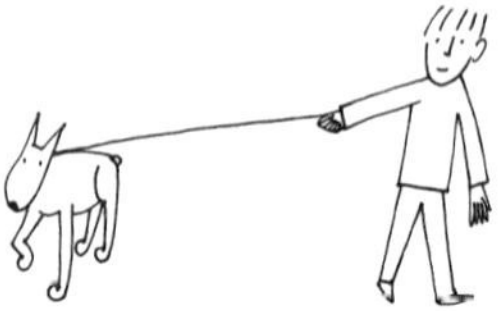

グーは**やさしい顔**になっていった。
最初のころは、
なんだか緊張していたみたい。

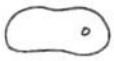

大きくなっていくにつれて、
〝グーってちょっとヘンな犬かも〟
って思うようになった。

おっぱいがヘン。
左右対称じゃなくて、あちこちについている。
これは生まれつき。

大根と白菜が好き。ヘルシー。でもデブ。

ビールほんのちょっとなめただけでトローン。
ヘンなすわり方したり。ベタベタしてきたり。
酒グセ悪い？

風の日、大っキライ！
窓にぶつかる風の音に
ビクビクして吠《ほ》えまくり。

かみなり、大大大っキライ！
かみなりの日は心臓ドキドキで、
オロオロオロオロ歩きまわる。
いつもは行かないような冷蔵庫のすみへ入ったり、
お風呂場の方へ行ったり。

「だいじょーぶっ……」って言っても、
ぜーんぜん効きめナシ。
いつもはちょっとは安心するのに。

体の1か所が
どっかにふれていないと落ちつかない。

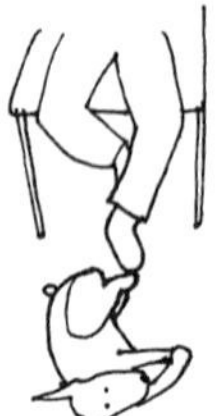

花火キライ。
いっしょに土手に花火大会見に行ったら、
おしっこもらした。
公園で親子づれが花火してるの見ただけで、
かたまって動かなくなってしまう。
ひも引っぱってても押してもビクともしない。

電化製品の音、キライ。とくに**掃除機**。
掃除してると逃げまわって
部屋のすみっこの方でかたまっている。
電源切ったあともこわがって
掃除機に近づこうとしない。

電気ストーブの赤い光もキライ。
心細そうな顔して、
遠くからチラチラ見てる。

うちにネズミが出たとき、
いっしょに逃げまわっていて
「犬飼ってる意味ナイ！」とまで言われた。

びいっくりすると**まんまる目**。

「おーっ、びっくりしたあー……」

ってかんじ。

「びっくりしたねー……」って言うと、
キュンキュン鳴いて、
顔すりよせて甘えてくる。

グーはおくびょうもの。

廊下の角とか曲がりきれずに、
よく**おしりぶつける**。

自分の体の大きさ、わかっていない？

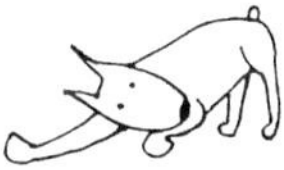

床とか、平らなところでよく**コケる**。

床をかけずりまわって、
ツ——ってすべって
バタバタバタバタあわてる。

グーはドジ。

散歩は気分で行ったり行かなかったり。
まわりに親とかお客さんとか
かまってくれそうな人がいると、
そこをぜったい動かない。

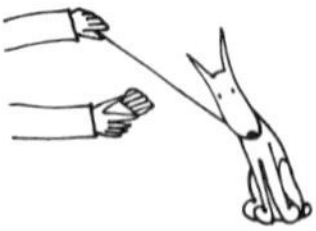

おかしで釣ろうとしても
ぜ——ったい来ない。
ひもつけて引っぱっても、びくともしない。

グーはがんこ。

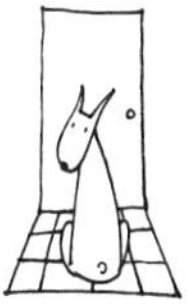

そのくせ、夜中になって、
自分から玄関におりて
「散歩行こ！」
ってさいそくしたり……。

グーは気分屋。

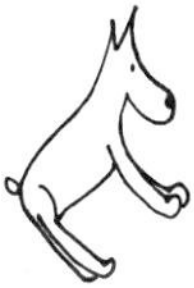

ごはんあげると、
お皿に顔をつっこんだきり、
ものすごい顔してたいらげる。
野獣のよう。

お皿まで、ペロペロペロペロなめる。

ものすごい勢いで水をピチャピチャ。
飲んだあと、タラタラたらしながら歩く。
床はびしょびしょ。
いつも母に「水切ってから歩きなさい！」
って言われてる。

犬のガム大好き。
両手でしっかりはさんで持って食べる。

散歩から帰ってくると、まっ先に
冷蔵庫のグー用ビーフジャーキーの
入っているところを鼻でさしておねだり。

グーはがっつき。

〝お手〟は一応できる。

でも、イヤイヤ**スローモーション**でやったり。
わざと**逆の手**出したり。
ヘンなところにお手したり。

〝おすわり〟も〝ふせ〟もおんなじ。
すんなり言うこと聞かない。

グーはひねくれもの。

鏡にうつった自分の姿、見ようとしない。
顔を押さえてムリヤリ見せても、
ボケーッとして、よくわかっていないかんじ。

いっちょまえに足組んだりする。

寒そうにしているからって服着せると、
イヤがって脱いでしまう。

子供のころはお風呂キライだった。
大人になってからは
「お風呂入るよ」って言うと、
自分からすすんで
お風呂場に入っていくようになった。

かみなりと花火と掃除機は
大人になっても大ッキライのまんま。

いろんな鳴き方。

「ワン！ワン！」はもちろん。

「キューン、キューン、」って鳴いたり。

「ピィーーーーッ！」って高い音で
鼻で笛みたいに鳴いたり。

のどと鼻の奥で**「フウッ、フウッ、」**
って鳴いたり。

耳むけると、そこに鳴く。
「うん、うん、」って言うと鳴きつづける。
何かしゃべっているみたい。

いろんな表情。

ワニみたいだったり。
（顔を床にベターッ、とつけて寝ているとき）

ウマみたいだったり。
（肉球もひづめみたいだし）

バケラッタ〈オバQのO《オー》ちゃん〉みたいだったり。
（散歩から帰ってきてハアハアしてるとき）

ウシみたいだったり。
（横になったとき、おなかのところ）

キツネみたいだったり。
（下むいてるとき）

アシカみたいだったり。
（雨に濡《ぬ》れたとき）

怪獣みたいだったり。
（がっついて何か食べているとき）

人間みたいだったり。
（目のかんじとか）

やっぱり**イヌ**みたいだったり。

グーは愛きょうたっぷり。

見るたんびにヘンな寝方。

踏まれそうなところで平気で寝てる。
いじわるして、踏みそうになったフリして
「危ない！」って言ってもびくともしない。
安心しすぎ。

押すと、そのまま床をすべって移動。
じゃまなとき、よくどかされる。
最後はあわてて起きあがる。

ときどき、グーのことすっかり忘れてて
「**なに、これ!?**」ってびっくりすることある。

グーはなまけもの。

すぐに〝鼻チョン〟※。
友達、ピーくんのスーツに〝鼻チョン〟して
怒られる。

毛布に鼻ゴシゴシ
いつまでもこすりつけている。
そのせいで鼻の頭すりむいたりしてる。
何してるの？？？

ざぶとんを鼻でひなたへ移動したり。
毛布をよせたり、広げたり。

※鼻チョン…鼻をチョン、ってくっつけること。友達のしるし。

横むいたとき、
壁とかに思いっきり鼻ぶつける。
でも、全然痛そうじゃない。
鼻の力すごい。
〝嗅覚《きゅうかく》〟じゃなくて〝パンチ力〟。

グーの顔がぼくの顔の横にあるとき、
急に振りむいたりすると
ものすごい力でぶつかって**すごく痛い**。
よく鼻パンチされる。
グーはキョトン。本気で怒られる。

何回も〝鼻※はじき〟して
「いいこいいこして!」ってさいそく。

いいこいいこされると、
顔つき出して目を細ーくして
気持ちよさそうな顔。

でも、やめるとまた〝鼻はじき〟。
何回も何回も。
それでもなでないでいると、
また、何回も何回も。
しばらーくして、
やっとあきらめたかと思うと、また……。

※鼻はじき…鼻を下から上へあげて、ぼくの手をはじくこと。
頭をなでてほしいときのアピールに多用。

背中むけて
「**肩もんで！**」ってさいそく。
何もしないでいると、
こっち振りむいて
「ねぇ……」って顔してアピール。

グーは甘えんぼう。

Ⅱ グーとの日々

散歩コース、決まっていない。

外に出ると、
解放感からかオープンな性格になるみたい。
なんだかちょっと**顔がちがう**。

グーはぼくの左横にぴったりついて歩く。
「右行こ……」って言うと右へ、
「左行こ……」って言うと左へ曲がる。

「好きなように歩いていいよ」って言うと、
あちこち好きなところへ。
グーについていくのが大変。
「ねぇ、ゆっくり歩こ……」って言いながら、
ぼくは**汗だく**。

グーの一番のお気にいりは
学校のフェンスぞいの道。
しばらくそこ行ってないと行きたがる。
そこで3~4回に分けておしっこ。

「上がっていいよ!」って言うと、
石段にのって、
落ちそうになりながらよろよろ歩く。

うちの近所、何年も歩いているのに、
まだ知らない道がある。
そういう道はたいてい
グーが主導権をとって歩いているときに発見する。

いっしょに**迷子**になったりした。

歩いているとき、
ときどき顔をナナメ横に上げて、
ぼくのこと見る。

気づかずに、振っていた手で
グーの顔たたいてしまったり……。

「ごめん、ごめん……」って言うと、
キョトンとしてる。

誰にでも愛想がいい。
横を通る関係ない人にまで〝**鼻チョン**〟。

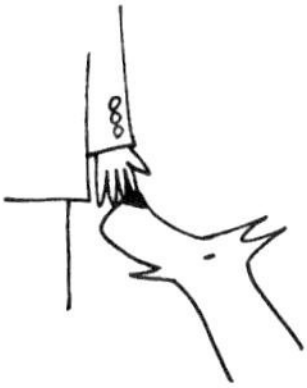

でも、学校帰りの子供たちに
囲まれたりすると、
そそくさと**ぼくのうしろ**にかくれる。

他の犬とすれちがっても**知らん顔**。

これ見よがしに
甘えまくることもアリ。
こんなにかわいがられているんだよ、
っていうみたいに。

子犬にじゃれつかれると、
困ったような顔して、**がまん**。

でも、がまんの限界。
「キャン（やめて）!!」って吠えてしまう。

猫に会うと**性格変わる**。
（ネコ狩り状態）

最近は猫も強気で「フウ――ッ！」
グーはあとずさりしながら
両手で地面を「**バン！ バン！**」
どう見ても、こっちの方がこわがっている。

すぐ横に猫がいても気づかない。
嗅覚、ぼくより弱い？
「グー、ニャンコいるよ」って教えてあげると
顔色変わる。

うしろで自転車の止まる
キーッ、っていう音に驚いて、
道に飛びだしそうになったり。

おしっこしてるのに気づかずに
グーを引きずってしまったり。

気がつくと、
トリのからあげくわえてて
びっくりしたことも！

いっしょに歩道橋かけあがっていったら、
おりてくる女の人とハチあわせして
「**キャアーーッ!**」って叫ばれたり。
でも、グーの方がもっとびっくり。

よく「**かっこいーい！**」って言われる。

「**強そう！**」って言われる。

見かけ倒し。

「あの犬、**しっぽなーい！**」って言われる。
グーの耳ふさぎたくなる。

「ちょっと**太りすぎ**じゃない？」って言われる。
なぜか体格のいいおばさんによく言われる。

公園や空き地で、
ぼくが〝戦闘体勢〟のポーズとると、
おんなじポーズ。

かけずりまわって、よく**ズズーッ**、ってコケる。

ぼくといっしょに
ブランコのまわりの柵《さく》を**ジャーンプ!**

ぼくが止まると、
グーもぴたっ、って止まる。

体の横を軽く押して
「バーン!」って言うと倒れる。
おなかむけてひっくり返る。

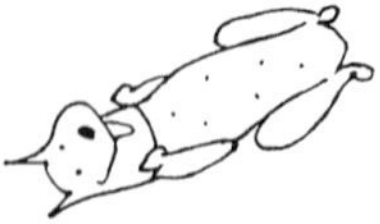

おなかをそおーっとたたきながら
「1、2、3……」って10数えると、
パッ、って起きあがる。すごい!
10回目に強くたたくから?

顔に「フッ!」って息を吹きかけると
イヤがって**怒る**。
またまた戦闘体勢に。

公園のベンチにすわると、
ぼくのひざのところに**頭のっけて**くる。

公園のベンチに寝っころがると、
ぼくの胸のところに上半身をのっけて、
ぐ——っと全部の体重をかけてくる。

うでまくらして、いいこいいこ。
冬は**あったかくて便利**。
でも、夏は**あつっくるしい**。

地面にベターーッ、って横になっていても、
ぼくのところへ〃お手〃して〃**あくしゅ**〃。
体の1か所がどっかにふれていないないと
落ちつかない？

公園のベンチで横になって、
しばらく遊んでいる。
目と目見つめあって、
ふざけあったり、じゃれあったりして。

通りに面した建物の階段なんかにすわっても、
やっぱりすぐにひざまくら。
通りすがりの人に
「**彼女いらないね**」なんて言われた。

夢によくグーが出てきた。
ぐったりしてる夢、よく見た。
ぼくの都合で
何日も散歩サボったときなんか、とくに。

反省して、次の日、
「お散歩行こう！」って誘いに行くと、
あっさり〝**拒否**〟。

すっかりグーといっしょに
散歩行くつもりだったから、
家のまわり、ひとりで自転車こいでたり。

グーが太るとぼくも太る。

グーの1年。

年こしソバ・おぞうに食べる。

年賀状、毎年1枚だけくる。
（ペットショップから）

節分のとき、
床に落ちた豆食べまくって、
おなかこわす。

目の上のチョンチョンが
おひなさまみたいだから、
3月3日のひなまつりには
特別におかしあげる。

誕生日は8月12日。
けっこう忘れられること多い。

グーは5歳になった。
犬でいうと、もうりっぱな大人。
なのに、グーは相変わらず。

ぼくひとりのときは近づいてこなくても、
誰かお客さんがいたりすると**ベタベタ**。
ぼくもなんとなくなでたりしてる。
お客さんがいるときは
ひどく叱られないってわかってる。

あまりにしつこいので、
グーのざぶとんの方を指さして
「あっち行ってなさい！」って言うと、
しかたなく**スローモーション**で移動。
いかにも〝イヤイヤ〟ってかんじ。

はしっこに、
ほんのちょこっとおしりのせただけ……。

ほったらかしにされて
しばらくかまってもらえないと、
片手で床を「**バン！**」ってやって
気を引こうとする。

グーの方見てしまってから
〝しまった！〟って思う。
グー、うれしそうな顔してぼくのこと見ている。

気がつくと、
いつのまにか
ぼくの手のところに来てる。
びっくりする。

友達とおかし食べてるとき、
「(グーに)あげようか?」
って言うと、もう来てる。
〃**おかし**〃の言葉使わなくても
グーの名前言わなくても
雰囲気でわかってる。

スーパーやコンビニの
ビニール袋の音にもビンカン。
ガサガサ音がすると、もうすっかり
おかしもらえるつもりになっている。

手からおかしあげると、そーっと食べる。
どんなに小さなものでも
口の先でかるーくかんで、とって食べる。

寝てるようでも、いつも**聞き耳**たてている。
グーにわからないように
〝暗号〟でしゃべらないとすぐにバレてしまう。

ぼくが何かでイライラしていると、
ぜったいに近づいてこない。

グーは頭がいい。

電話してるとよってくる。
電話中は、ぼくが大きな声出して
怒れないってわかってる。
手で〝むこう行きなさい！〟
って言っても、言うこと聞かない。

放っておこうと思いながら、
手持ちぶさたでついついなでてる。

外のちょっとした物音ですぐに吠える。
ずう――っと吠えつづけている。
怒ろうと思って、そお――っと見に行くと、
なーんにもなかったように寝てる。
きっと、ぼくの足音に気づいて、**たぬき寝入り**。

「おかしあげようと思ったのに……」
って言うとあわてて起きあがる。
バレバレ。

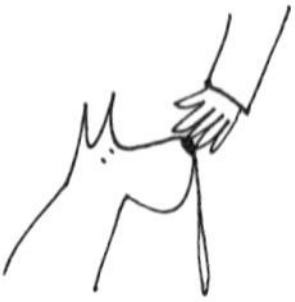

カゼひいてるときとか、
やさしくすると鼻水たらしながら
ここぞとばかりに甘えてくる。

足くじいたときなんか、
きっと**大げさ**に足を引きずったりしてる。
グーがひとりのときこっそり見に行くと
ふつうに歩いていたりする。

ぼくが夕飯あげたのに、
おそく帰ってきた父に
「食べてないよ」って顔して
チャッカリもう1度もらう。

グーはずる。

ある日、
台所の流し台の上においてあった
家族の夕飯がなくなっていた。
(夕飯たいらげ事件)

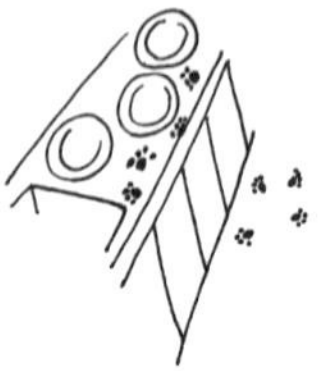

グーの方を見ると、
申し訳なさそうな顔。
ず——っと見ていると
目をそらす。

目が泳いでいる。
前科2犯。

ゴミ箱あさりとか悪いことしたとき、
すぐバレる。
耳を寝かせて、上目づかいで
どこか申し訳なさそうな顔。

そおっと体にさわると**ビクッ!**
①悪いことしたとき。
②かみなりや強い風に
　こわがっているとき。
③?????(原因不明)

グーはウソがヘタ。

かまってほしいとき、わざと**いたずら**する。

悪いことしてるとき
「あーっ、いけないんだあー……」って言うと、
フクザツな顔してぼくのこと見る。

怒られそうなとき、耳寝かせてる。
「おいで……」って呼ぶと、おそるおそる……。

いいこいいこすると、
安心して、ちょっと調子にのって甘えてくる。

ぼくがしずか——な眠そうな声で
「眠い、眠い……」って言うと、
目を細——くして**眠たそうな顔**。
催眠術にかかりやすい。

グーは子供みたい。

おしっこ、うんちは上の階のベランダで。
掃除してるとカーテンのすきまから
ぴょこん、って顔出す。
ときどき、ベランダにある
プランターの草食べて「ゲー」ってしてる。

グーはかわいい。

ふと目があうと、
ちょっぴり恥ずかしそうな顔する。

グーはシャイ。

「グレイスは食べて寝てばっかりで
ラクでいいね」ってよく母に言われてる。

テレビにタレント犬が出るたび、
ちょっと肩身がせまい。

グーにも仕事してもらおうと思って、
犬のカレンダーの写真コンクールに
応募したけど、**落ちた**。

合格したとしても、
言うこと聞かないので、きっとつとまらない。

「グーのおめめ」「グーのおはな」

「グーのおみみ」「グーのおくち」

「グーのひなまつりのチョンチョン」

「グーのおてて」「グーのおなか」

「グーのせなか」「グーのおしり」

「グーのみじかいしっぽ」

って言いながらそこをさわると、
気持ちよさそうな顔してじっとしてる。

さわるのやめると
〝**鼻チョン**〟や〝**鼻はじき**〟して
もっとかまってほしそうな顔。

自分が一番かわいがられていないと
気がすまない。
おいっ子のはやとくんがうちに来たとき、
顔上げて自分にも〝**かまって**〟攻撃。

グーはすごーく甘えんぼう。

めったに怒らない父のこと、大好き。
でも、たまあに怒られてびっくり。
しょんぼりしてる。

母が貧血でかがみこんでいるとき、
近くによって「**キューキュー**」

ぼくが落ちこんでいると、
心配そうな顔してぼくの顔をのぞきこむ。

誰かと誰かがケンカしてると、
すごく**困ったような顔**して見てる。

グーはやさしい。

グー、8歳にして
旅行初体験！
那須のログハウス。

カギを家の中に忘れたまま
オートロックのドアを閉めてしまった。
グーが大変！

台所の上の窓をこわして救出！

「おしっことうんち、新聞紙の上にしてね」
って言っておいたのに、
カーペットの上にしてた。

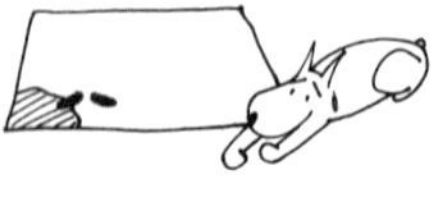

「上がらないでね」って言われてた
ソファーの上で寝てて怒られた。

かってに**こんなとこ**つれてきたくせに、
っていうような顔。

でも、生い茂った草の中かけずりまわったり。
野良犬のように山道を歩きまわったり。
それなりに自由を満喫してた。

バーベキューも初体験。
ぼくのうしろで肉食べたそうな顔してる
グーの写真たくさん。

たくさんの季節がすぎて、
グーは
たいせつな家族のひとりになっていた。

散歩のとき、
学校のフェンスぞいの石段のところで
「上がっていいよ！」って言っても
上半身しか上がれなくて、
〝よっこらしょ！〟ってかんじで
おしりを持ちあげる。

すこし走ると**ハアハア**……。
ぼくが早歩きするとついてこれない。
前はぼくより先へ先へと走っていたのに。

「がんばれ！ がんばれ！」って
グーの背中さすったり、
ポン、って軽くたたいたりして
はげましながら歩く。

そのうち、
石段に「上がっていいよ！」って言っても
上がろうとしなくなった。

あんまり散歩に行きたがらなくなった。

おかしあげようと思って呼んでも、
おしりそのまま上半身だけ動かす。

ときどき、
ベランダに出る手前の床に
おしっこちびってる。

グーは10歳になっていた。

Ⅲ

がんばれグー

お正月すぎてしばらくしたころ、
グーが急にヘンな歩き方していた。

ヘンな寝方して、自分の体重のせいで
手がしびれているのかと思った。
でも、次の日も、その次の日も、
左手をかばったグーの歩き方は
どんどんひどくなっていった。
左手がはれてきてしまった。

病院につれていった。

重たいグーを
やっとの思いで診察台の上にのせて、
レントゲンとったり、血液検査したりした。

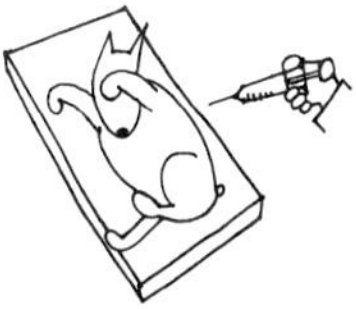

注射うつとき、
子供みたいに手で目をおおってた。
おくびょうなグーがキュンとも鳴かないで、
ずっとじっとしてた。
暴れるかと思っていたのに……。

先生に「おとなしいワンちゃんですね」
なんて言われたけど、
きっとこわすぎて鳴くこともできなかったんだ。

検査の結果、左腕のつけ根のところに
しゅようができていることがわかった。
不整脈※もあるし、
年のせいで内臓もだいぶ弱っているらしい。

※不整脈…心臓の拍動が不規則になったもの。

いつまでも子供みたいに思っていたけれど、
グーはすっかりおばあちゃんになっていた。
よく見ると、しらがもチラホラ。

手術をして
しゅようをとることをすすめられた。
でも、年齢的にも
手術のときの麻酔はかなり危険らしい。

家でグーは、
はれてる方の手でお手なんかしてた。
よたよたしながらも歩きたがった。

でも、病院でもらった薬を飲ませて
様子を見ているうちに、
見る見るうちに
グーの調子が悪くなっていってしまった。

ドッグフードを残すようになった。
手のひらにのせて「はいっ……」ってあげると
気まぐれに食べたりした。

ドッグフードを前にして
「どうしたらいいのかな?」っていうような
困ったような顔してぼくと母のこと見る。
ぼくも母も心を鬼にして「食べなさい!」

そのうち、グーは全然ドッグフードを
食べなくなってしまった。

ドッグフードを食べなくなっても、
肉やおかゆならどうにか食べた。

けれど、
そのうちそれも
全然食べなくなってしまった。
何をあげてもダメ。

あのがっつきグーが
なんにも食べなくなるなんて
思いもしなかった。

歯のすきまから
栄養剤をとかしたものを飲ませたり。

うちまで先生に来てもらって
栄養注射をうってもらったりした。
「体力つけないことには手術も難しいし、
あまりよくない状態です」
先生はそう言っていた。

ほんの数日のうちに、
デブだったグーはすっかりやせてしまった。
首のあたりに皮がたるんでいた。
以前はよく「若い」って言われてたのに、
急に年をとってしまったみたい。

今まで以上に、いつもいつも寝ているし。
あんなにイヤがっていた服も
おばあちゃんみたいに着ているし。

目を細めて、
疲れきった顔してボーーッとしているし。

口をあけて、
ドロドロしたよだれを
床にポタポタたらしているし。

親が留守のとき、グーといっしょに寝た。
グーと会ったころのこと思い出した。
あのころ、
おたがいこわがっていたね。

夜中、くらやみの中でグーと目があった。
甘えて、ぼくの胸に顔をのせてきた。

顔だけこっちにむけて、
ときどき、ぼくがいるかどうか確かめてる。

眠ったまま、
小さな声でワンワン吠えたり、
キュンキュン鳴いたり。
おなかをピクピクふるわせながら。

〝悪い夢見てるのかな?〟って思って
「グー!」って声をかけて起こすと、
体はそのまま
「いいこいいこして……」って
ちょっとだけ顔をつき出してくる。
グーはやっぱりさみしがりや。

そのうち、
栄養剤や薬を飲むたびに
グーはゲーゲー吐くようになってしまった。

ネバネバのたんのかたまりが
のどにつまって苦しそう。
口をあけて
口の中のドロドロをティッシュで拭《ふ》きとったり、
口のまわりを拭いたり。

かなり体力が弱ってしまって、
立っているのもやっと。
よろけて倒れそうになる
グーの体を抱えて背中さすったり。
そんな日がつづいた。

ベランダまで抱えていかないと
おしっこやうんちもらしてしまう。
グーはもう自分の力では
起きあがれなくなってしまった。

寝ていても、
フゥーフゥーおなかで息してる。
苦しそう。

先生に相談して、
薬を飲ませるのをやめることにした。
先生に来てもらって栄養注射をうつことも
ストレスになるので控えることにした。

親もぼくも、
みんなグーのこと考えていた。

なるべく早く仕事から帰ってきたり。

外出するのを控えて、
なるべくグーのそばにいて
いいこいいこしたり。
血のめぐりが悪くなってしまっている
グーの左手、マッサージしたり。

みんな、グーがこのまま
死んでしまうんじゃないかって思った。
グーのいのちのこと、考えていた。

グーはきっと、
自分が病気だってことわかってる。
がんばってる。
何も言わないから、何もしゃべれないから、
かわいそうだった。

グーの体をなでながら
「がんばれ！」

「だいじょーぶっ……」

「よくなるよ……」

「よくなったらまたお散歩行こ……」

って何回も何回も言った。

グーの目の奥をのぞきこんで
「グーの気持ちわかるよ……」って。

何回も。何回も。何回も。

それしかできなかった。

親とおなじ部屋で寝ているグーを、
夜中、見に行った。
まっくらの中、
手さぐりでグーの顔をさわった。
あったかかった。

いいこいいこすると、
ちょっとだけ顔をつき出してくる。
〝もっといいこいいこして〟って。

グーが死んでしまう気がした。
イヤだった。

Ⅳ グーよかったね

奇跡が起きた!!

薬をやめてしばらくしたころ。
グーが自分の力で
ごはんを食べるようになった。

苦しそうに吐いたりをくり返しながらも、
前ほどたくさんじゃないけれど、
ちょっとずつ、ちょっとずつ、
肉やおかゆを自分で食べられるようになった。

すこしずつ、すこしずつ、
グーは元気になっていった。

ゲーゲー吐くこともなくなって。
ひとりでベランダに行って、
おしっこやうんちをできるようにもなった。
そのうちに〝がっつき顔〟も帰ってきた！

玄関あける音で「ワン！　ワン！」
以前はうるさいと思っていたその声が、
とってもうれしかった。
50メートル先の曲がり角まで
グーの鳴き声が聞こえた。

「キューン、キューン、」

「フウッ、フウッ、」

「ピィ――――ッ！」って鳴くようにもなった。

歩いて近よってくるようにも。

〝鼻チョン〟も。

もちろん〝鼻はじき〟も。

階段の昇りおりもできるようになった。

いいこいいこしながら
「よかったね……」
ちょっぴりうれしそうな顔。

よかった。

しゅようやよろよろした歩き方は心配だけど、
まずは栄養あるもの食べて、
体力つけてもらわなくっちゃ。

家族で話しあって、
手術はできるだけ避けようということになった。
病院の先生に見てもらうのも
ストレスになるのでなるべく控えようって。
グーの自然のいのちの力に
まかせることに決めた。

知りあいに馬油[※]が効くって言われたので、
左腕のつけ根から胸のところにかけて
1日2回、馬油をぬることにした。
グーのしゅようが小さくなることを願って。
「よくなるよ……よくなるよ……」
って言いながら。

グーは馬油の味が好きみたいで
ぬったところをペロペロなめてた。
べとべとになったぼくの手まで。

※馬油〈バーユ〉…馬肉の脂肪をろ過したもの。皮膚の乾燥や肌荒れを防ぐ。

いいこいいこしながら
「グー、がんばってるね」
「えらいね」って声かけると
ちょっとうれしそうな顔。

〝学校のフェンスのところに行きたがってるかも……〟
って思って、その後、よろよろ歩くグーを支えながら
1回散歩につれていったけれど、
グーも不安そうだし
右手にも負担がかかってしまうので
散歩はそれっきり。

いっしょに散歩に行けなくなってしまったことは
残念だけれど、
階段の昇りおりも大変そうだけど、
グーが生きててくれることがうれしかった。

いろいろ手をつくしてくれた先生も、
グーが元気になったって聞いてびっくりしてた。

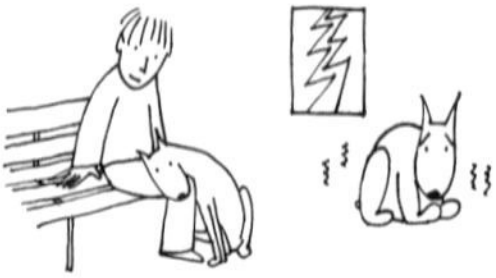

あんなにおくびょうで
あんなに甘えんぼうのグーの生命力が
こんなに強かったなんて。

でも、ぼくにはなんとなくわかる。

グーはきっと、
ひとりぼっちにはなりたくなかったんだ。

ごはんを食べるようになってからしばらくの間は、
おかゆとか缶詰とか
やわらかいものしかあげていなかったけれど、
お湯でふやかしたドッグフードに
肉やにぼしをまぜたものをあげることにした。
グーはなんでもおいしそうに食べた。

でも、グーの病気が治ったわけではなく、
動物はちょっと油断したすきに
急にぐったりしてしまったりすることもあるので、
ぼくたち家族はなかなか安心できなかった。
仕事をしていても遊んでいても、
グーのことが気になっていた。

旅行に行くのを控えて、
グーとたくさんしゃべったり、
遊んだりした。

グーはぼくに引きずられるがまま、
ざぶとんにすわったまま動いたり。

「キューン、キューン、」
「フウッ、フウッ、」
「ピィ―――ッ!」って鳴いて
アピールしまくったり。
今まで以上に、
すっかり甘えんぼうになってしまった。

でも、
それから半年以上の月日が流れて、
すこしずつ、すこしずつ、
ぼくたちはふつうの生活にもどっていった。

しゅようはすこし大きくなって、
グーは歩くとき、
左手をまったく床につけなくなってしまったけれど、

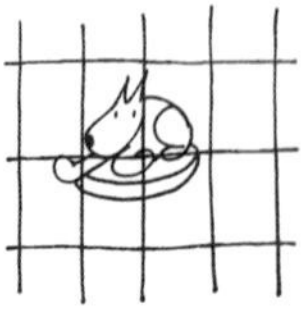

階段の昇りおりは危ないので、
階段の上に柵をつくって、
グーは上の階だけで
生活するようになってしまったけれど、

食欲だけは今まで以上で、
よろけながらも〝がっつき顔〟。
お皿に顔をつっこんだきり、
息もつかないほどの勢いで食べる。
それが救いだった。

「グーはいいこかな？」って言いながら
階段を上がっていくと、
柵のすきまから鼻を出して、
「ピィーーッ、ピィーーッ、」って鳴いて
下の階へ行きたそう。

以前、ぼくがグーを先導して
そおっと階段をおりていったとき、
グーが途中で立ち往生してしまって
困りはててしまったことがあった。

下の階へつれていってあげたいけれど、
やっぱり階段が危ないので、
ちょくちょくグーを見に行って
いっしょに遊んだ。

グーといっしょに寝ている母の話によると、
グーは真夜中、
ベランダをウロウロ歩きまわるらしい。

食べたばかりなのに、
ごはんの時間だと思ったり。

おばあちゃんみたい。

ある日、
ぼくが声をかけても顔も上げないほど
ひどくぐったりしていたので心配していると、

お客さんが来たら、
注意しても聞かないくらい
吠えまくりだったり。

心配してはホッとして。
そんなくり返し。
グーは決められた1日分のエネルギーを
必要なときに使っているみたい。

V
さよならグー

ある日、グーの左手の指と指の間に
うっすらと血がにじんでいた。
どっかにぶつけたのかな？と思って
消毒して包帯を巻いた。

でも、見に行くと、
すぐに包帯をとってしまっている。
そして傷口をペロペロ。

怒っても怒っても、
とりかえてもとりかえても、ダメ。

次の日のことだった。
グーを見に行くと、
ベランダから部屋へ入ったすぐのところに
グーがペタンとすわっていた。
左手が血まみれで、
ダランとなってしまっていた。

手の甲がペチャンコにつぶれてしまって、
そこから白い骨が見えていた。
グーはすこし疲れた顔で
傷口が気になるらしく、
そこをペロペロなめたり、かんだりしていた。
とれてしまった爪《つめ》が１本、床に落ちていた。

あわてて病院に電話して、先生に来てもらった。

手当てをしてくれた先生は、
しゅようのせいで血が流れづらくなって
左手が※壊死《えし》してきてしまっているのだと言った。
このままだと
腕のつけ根から先が腐っていってしまうって。

そうなる可能性があるという話は、
以前、先生に言われたことがあった。
でも実際、
ダランとたれさがってしまったグーの手を見ると、
つらかった。

※壊死…体の組織や細胞が部分的に死んでしまうこと。

どうしたらいいか
わけがわからなくなってしまった。

先生の話によると、
左手の切断手術をするか
できるだけ清潔にして回復を待つしかない、
ということだった。
でも、かなり体力が弱っているので
やはり手術は危険だし、
薬をぬって回復を待ったとしても
治るのに少なくとも2~3か月はかかるらしく、
完治する見こみは少ないとのことだった。

そして先生は、安楽死の話をした。

安楽死……。

このままじゃこれからぼくたち家族が
もっと大変になってしまうからと思って、
先生はぼくたちの考えもしなかった
選択肢をくれたのだろう。

でも、
グーを殺すのならぼくが注射をうつ、と思った。
もうどうしようもなくって、
グーも苦しそうでかわいそうで見ていられなくなって、
どうにもできなくなったら。
自分でそれができるような状況になったら
そのときそういうこと考えよう、って。

体の自由がきかなくてつらいかもしれないけれど
グーはまだ生きていたいんだ。
そんな確信があった。

傷の手当ては母とぼくとでやることにした。
ふたりで分担して
傷口を消毒して薬をぬって包帯を巻いた。
毎日2回、
車にひかれてしまったようにつぶれてしまった
グーの血だらけの手を見るたびに、
痛々しくてつらかった。

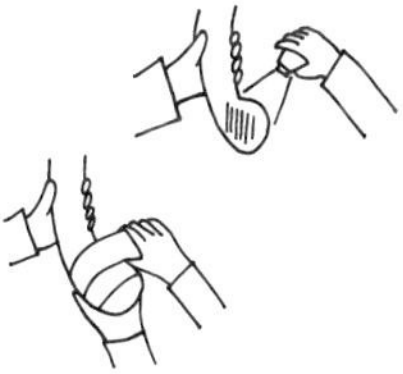

でも、できるだけいつも通りグーに接した。
包帯巻かれるのをイヤがるグーを怒ったり、
包帯巻いた手をそおっと包んで
「だいじょーぶっ……」って言ったり。

でも、もどかしいのかかゆいのか、
強めに包帯を巻いてもサポーターで固定しても、
ちょっと目を離したすきに
グーはすぐにそれをとってしまう。
包帯の上から手をかんで、
もっと傷をひどくしてしまう。
怒っても怒っても、言うこと聞かない。

通気が悪くなるのでよくないとわかりながら、
しかたなく、
包帯の上から赤ちゃん用のくつ下をはかせて、
それをテープでぐるぐる巻きにして固定した。
そのつどまっ赤になってしまって、
くつ下や包帯は使いすてだった。

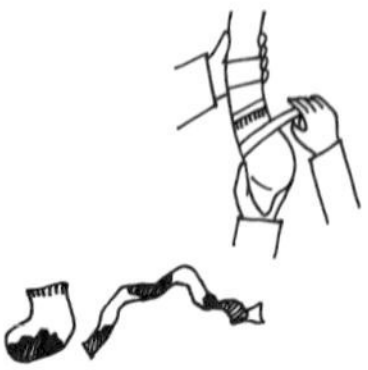

そのうち、
グーはまた以前のように
ドッグフードを食べなくなってしまった。

おかゆににぼしを入れると、
休みながらどうにか食べた。
食べないときは
スプーンで口元まで運ぶと、
すこしずつ、すこしずつ、食べたりした。

すわろうとしてベタッ、ってコケたりすると、
深くため息をついて、
すごくがっかりしたような顔する。

ぼんやりして、ぐったりして、
玄関の音にも吠えなくなってしまった。

ベランダに出るのがしんどいのか、
おしっこやうんち、
家の中でもらしてしまう。
いつかのように
床にポタポタよだれをたらしているし。

そのうち、
スプーンでごはんを食べさせようとしても
ソッポむいて、ひと口も食べなくなってしまった。
「グー、お願いだから食べて……」
「食べないと死んじゃうよ」って言いながら
「はいっ……」ってあげても、ダメ。

ちょっと時間をおいたりして
何度も何度も食べさせようとしたけれど、
ひと口も食べてくれない。

ごはんを食べさせることに疲れきって、
〝どうしよう……〟と思って
ため息をついてうつむいていたら、
気がつくと
ぼくを心配するような、
ものすごく申し訳なさそうな顔で
ぼくのことのぞきこんでいた。

「そっか、わかった。しょうがないよね」
グーの頭をなでると、
いつものように目を細ーくして
ほんのちょっとだけ顔を前につき出してくる。

またいつかのように、
歯のすきまから栄養剤を
飲ませることになった。

グーはおなかフゥーフゥー、
ハアハア息をしながら、
いつもいつも寝ていた。
グーのまわりの床は
よだれでいっぱいだった。

母もぼくも疲れきっていた。
ちょっと目を離したすきに
くつ下や包帯をとってしまっているんじゃないかとか、
傷ついた手をかんでしまっているんじゃないかとか、
調子悪くなってしまっているんじゃないかとか、
これからグーはどうなってしまうんだろう、
って考えると気が気じゃなかった。

とくに、
グーにムリヤリ栄養剤を飲ませたり、
ぼくが手伝えないときには
包帯をひとりで交換していた母は疲れきっていた。
グーのいる下の階で、母と口論になった。

グーは気づいていたのかな？
自分のせいで
みんなが大変になっていること。
みんなが疲れきっていること。

いつも
誰かと誰かがケンカしてるときなんか、
心配そうな目で見ていたグー。

ぼくは
ちょくちょくグーのこと見に行きながら、
なんの根拠もなかったけれど
テレパシーみたいなもので
ぜったいに〝そのとき〟はわかって
いっしょにいてあげられると思っていた。
けれど。

ぼくが見に行ったとき、
グーは死んでいた。
横になって、
大きく目を開いたまま、
シーツをかんで。

「ごめんねグー……」

母はほんの10分くらい前に
グーに栄養剤を飲ませに行っていた。

仕事から帰ってきた父も、
さびしそうな顔でグーのこと見てた。

ずっと前から
いつかこの日が来ることは
心のどこかで意識していたけれど、
なんだかウソみたいで、
ぼくは横たわるグーをながめながら
どこかポカンとしていた。

ぼくは、
これからグーは大丈夫かな?
もっともっとつらく苦しくなっちゃったら
かわいそうでイヤだなって、
そんなことばっかり考えていた。

だから、
グーが黒っぽいうんちをして
そういうのはよくないんだって母に言われたときも、
おなかにちょっと水がたまっているみたい
って思ったときも、
グーがこんなにあっさり死んでしまうなんて
思いもしなかった。

30分くらい前、
ぼくはグーの様子を見に行っていた。
そして、
「グーはがんばっててえらいね」
「ママもパパもにいちゃんも
ちいにいちゃん（弟）もピーにいちゃん（友達）も
みーんなグーのこと大好きだよ」
「グーがお薬飲まないときとか怒っちゃうけど、
みーんなグーのこと大好きなんだよ」
「元気になったらまたお散歩行こうね。旅行行こうね」
ってグーに話しかけていた。
グーの背中をなでたり、いいこいいこしながら。

グーはちょっとだけ顔上げて、
ぼくのこと見てた。

あれが最後だった。

いっしょにいてあげたかった……。
さみしがりやのグーのことだから、
きっとつらかっただろう。
せめてその日1日くらい、
ずっとグーのそばに
ついていてあげればよかった。

その夜は、
グーがいつもおりたがっていた下の階で
グーといっしょにすごした。
グーの横にすわって、
グーの体をずっとずっとなでながら。
「がんばったね」
「やっとラクになれたね」
「グーはいいこだったよ」って言いながら。

グーにいつも言っていたように
「グーのおめめ」「グーのおはな」「グーのおみみ」

「グーのおくち」「グーのひなまつりのチョンチョン」

「グーのおてて」「こっちのおてて、イヤだったね」

「グーのおなか」「グーのせなか」「グーのおしり」

「グーのみじかいしっぽ」って言いながら。

そのひとつひとつをさわりながら。

離れたところに住んでいる弟も、
グーをとってもかわいがってくれた
ピーくんも来てくれた。

あの公園のベンチで、土手の芝生の上で、
ぼくの胸やひざに体をのっけて
全部の体重をぐ——っとかけてきたときの
グーの体温とか毛並みとか、
言葉ではうまく言えないけれど
気持ちいいあのかんじをやきつけるように、
グーのかたちを忘れないように、
ぼくはずっとずっとグーにさわっていた。

グーはいつものように、
ただ、ぐっすり眠っているみたいだった。

けれど、
時間がたつにつれて

グーの体が
すこしずつすこしずつ
つめたくなっていって

グーの、
いつも〝鼻チョン〟や〝鼻はじき〟していた
強力なお鼻が
やわらかく
ふにゃふにゃになってしまって

ほんとうにグーは死んでしまったんだ。
って思ったら
急に涙がこみあげてきて、
いつまでもいつまでも止まらなかった。

Ⅵ グーのこと

グーは行ってしまった。
ひとりきりで。
ぼくの知らないところへ。

もうグーの名前を呼ぶこともできない。
グーのいろんな鳴き声を聞くことも。

いろんな寝方を見ることも。
グーの体にさわることもできない。

〝鼻チョン〟も〝鼻はじき〟もしてもらえない。

がっくりした気持ちは、
からっぽになってしまったような気持ちは、
あれから3か月の時がすぎても変わらない。
そしてやっぱり、
最後にいっしょにいてあげたかったな、って思う。

グーのために買いおきした缶詰の残り。
ビーフジャーキー。
水入れやごはん用のお皿。
散歩のときのひも。
散歩のあと、グーの足を拭くためのぞうきん。
グーがいつもすわっていたざぶとん。
グーの使っていた毛布。
うまくとれたものは少ないけれど、
たくさんのグーの写真。

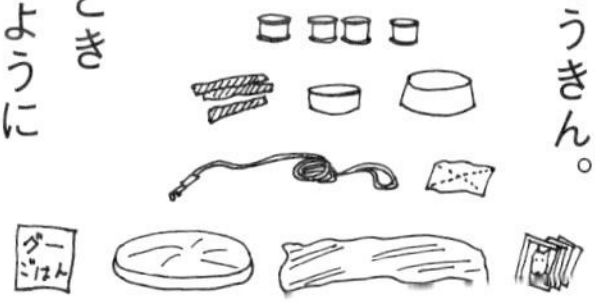

掃除をしていたら、親が出かけているとき
グーにごはんをあげることを忘れないように
〝グーごはん〟って書いたメモが出てきたり。

いつもいつもいっしょだったから、
いつもそこにいたから、
すごく存在感あったから、
いなくなるとなんだか
心にポッカリ大きな穴があいてしまったみたい。

今こうしてこの文章を書いていても
涙がたくさんあふれてくる。
グーに会いたいって思う。

でも、グーをなくしてうなだれているぼくを、
〝あの顔〟がのぞきこんでいる。
〝あの目〟が見つめている。
「どうしたの？」「大丈夫？」って。心配そうに。

そして、ごはんを食べられなかったときの、
あの申し訳なさそうな顔が今でも忘れられない。
あのがっつきグーがごはん食べたくないなんて、
よっぽどつらかったのだろう。

さみしがりやで甘えんぼうで
わがままでがんこだったけれど、
グーはとってもやさしかった。
ぼくたちみんなのこと、気づかってくれた。
ぼくのこと、心配してくれた。

1回死んじゃいそうになってから元気になってくれたのも、
ぼくたちに時間をくれたのかもしれないね。
あのときあのまま死んじゃってたら、
きっと、もっともっと後悔したもの。
グーがいることが当たり前のようになっていて、
なんとなく、どこかほったらかしにしていたから。

グーはぼくたちに、
グーとちゃんとかかわる時間をくれたのかもしれないね。
グーがいなくなっても大丈夫なように、
ぼくたちに心の準備をさせてくれたのかもしれないね。

グー、ありがとう。

いっぱい怒っちゃったね。
いっぱいたたいちゃったね。
いっぱい遊んだね。
旅行は2回しか行けなかったけど。

公園でかけずりまわって、
よくズズーッ、ってコケてたね。

土手の斜面からおりてくるとき、
思いっきりころんだね。

いっぱい話聞いてもらったっけ。

いっぱいいっぱい、いろんなことしたね。

いろんなグーの姿が浮かぶ。
いろんな顔が浮かんでくる。
そして、いろんなぼくの姿が浮かぶ。

グーのくれたたくさんの思い出が、
手のひらに。
胸に。
ひざに。
鼻に。
ほっぺたに。
しっかりとやきついている。

ふたりとも若かったね。
2時間くらい歩いたり走ったりして、
どんどんどんどん
知らないところまで行っちゃって
帰ってくるの大変だったね。

ぼくも家族のみんなも、
グーと出会ったころから11歳、年をとった。

そういえば11年前、
母が犬を飼うって言ったとき、ぼくは反対したっけ。
すぐにほったらかしになっちゃうんだから
かわいそうだって。

でもね。
今はとっても感謝してる。
グーに出会えたこと。
グーは幸せだったかな？

グーは、
おくびょうで甘えんぼうでわがままで
あんまり言うこと聞かないダメ犬だったけれど、
なんだか犬じゃないみたいだったけれど、
ふだん、人にはあんまり素直になれないぼくが、
グーの前では素直になれた。

あの公園のベンチに
寝ころんで遊んでいるとき、
心の底から笑えた。
目と目見つめあって、
グーの体あったかくって、重たくって、
とっても気持ちよかった。
まわり気にして恥ずかしいなんて思わなかった。

あの気持ちいいかんじ。
あの幸せなかんじ。
あのかんじ、はっきり覚えてるよ。

今でも、かみなりが鳴ったときなんか、
ついついクセで
「グー見に行かなくっちゃ……」って思ってしまったり。
生卵を床に落として割ってしまったときも
「グーにあげよう……」って。
スーパーでペットのコーナー通ったり、
散歩してる他の犬見るたび思い出したり。

グーの夢、よく見る。

でも、それはきっといいことなんだ。

グー、もうゴロゴロかみなりに
心臓ドキドキでこわがることも、
左手の自由がきかなくてがっかりすることも、
ため息をつくこともないんだよ。

やっとラクになれたね。

お散歩いっぱい行けるね。

大好きなもの、たくさん食べれるね。

もう、だいじょーぶ。
病気しちゃってからは、全然大丈夫じゃないのに
いっぱい「だいじょーぶっ……」って言っちゃったけど、
もう、ほんとうにだいじょーぶ。

こわがらないで。心配しないで。
ゆっくりおやすみ。

グーはぼくの親友みたいだったね。
ぼくの恋人みたいだったね。
ぼくの妹みたいで、
ぼくの子供みたいだった。

グー、ありがとう。

いっぱい助けてくれて、ありがとう。

いっぱいいっぱいありがとうね。

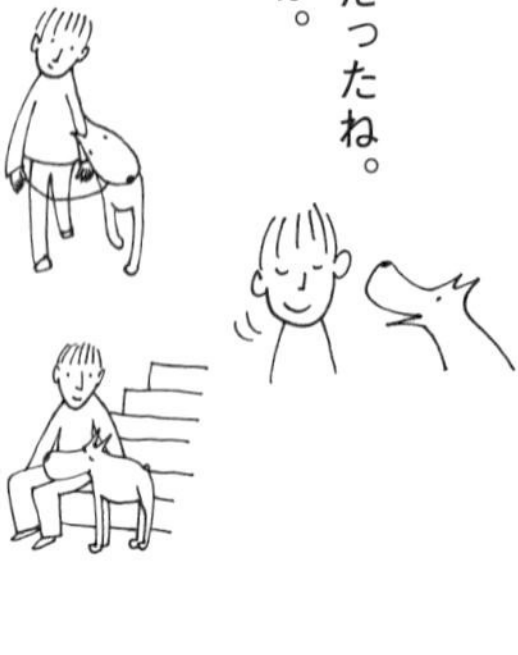

グーのこと、
ずっとずっと忘れないよ。

あったかくて
重たくて
たいせつないのち。

ぼくの中で
みんなの中で
生きつづける。

グー、
生まれかわりっていうのがあるとしたら、
幸せになりなよ。
幸せになれるよ。

それで、きっといつか

また会おうね。みんなで。

たいせつなもの

ぼくを見る目。いろんな声。ちょっとしたしぐさ。
消えてしまったいのちを思うとき、
まっ先に浮かんでくるのは
あの日、何気なくながめていたひとつひとつ。
そのいとおしいひとつひとつが教えてくれる。
そこにあって当たり前のものなんて
ないということを。

とくに変わったことのない『ふつうの日』も。
まるで、ずっと昔からそこにすわっているような
『いつもの人』も。
幸せは見落としてしまいそうなくらい、
ありふれた色をしている。
それにちゃんと気づいていけたらな、って思う。
たいせつなものをなくしてしまうたびに、
心から、そう思う。

あとがき

グーがまだ元気だったとき、
なんとなく「グーのこと書こうかな?」って言ったら
「グーならヘンな犬だから面白いんじゃない?」
ってすすめてくれた矢菅くん、ありがとう。
あの日がこの話を書くことになったきっかけです。
そして、出版社を紹介してくれてデザインも担当してくれた金子さん、
イラストを描くことを快く引き受けてくれた長尾さん、ありがとう。
たくさんの力を借りてこの本ができあがりました。
そして、こんな個人的な話を最後まで読んでくださったみなさん、
ありがとうございます。うれしいです。

最後に、このお話を書かせてくれたグーへ。
グーはなんにもしゃべらなかったけど、
振り返ると、ぼくはグーとたくさんしゃべった気がしてる。
グーの話たくさん聞いたような気がしてる。
ぼくはグーのこと、グーが人間だったみたいに思い出す。
グーのこと書きたいって思ったのは、
ぼくの大好きなグーの「いのち」を
たくさんの人に伝えたいって思ったから。
こんなに素直に文章書いたの初めてかもしれない。

グーのこと、ずっとずっと大好きだよ。

グー、ありがとうね。

本文デザイン　かねこ まさみ
本文イラスト　ながお ひろすけ
編集　藤原 将子
本文ＤＴＰ　美創 小山 宏之

この作品は二〇〇二年十二月文春ネスコより刊行されたものです。

ダメ犬《いぬ》グー

11年《ねん》+108日《にち》の物語《ものがたり》

ごとうやすゆき

平成18年9月10日　初版発行
平成29年8月10日　6版発行

発行人——石原正康
編集人——菊地朱雅子
発行所——株式会社幻冬舎
〒151-0051東京都渋谷区千駄ヶ谷4-9-7
電話　03(5411)6222(営業)
03(5411)6211(編集)
振替00120-8-767643
印刷・製本—株式会社 光邦
装丁者——高橋雅之

幻冬舎文庫

ISBN4-344-40841-1　C0195　犬-11-1